과학 탐정스 1:신비도의 비밀

科學小偵探

1 神祕島的謎團

企劃／金秀朱 김수주　作者／趙仁河 조인하
繪圖／趙勝衍 조승연　翻譯／林盈楹

作者的話

科學成績名列前茅，興趣排名卻是最低？

二〇一五年，以全世界四十九個國家，三十一萬名國小學童作爲「科學成就評比」的對象中，韓國學童們位居世界第二，可以說名列前茅。然而，這些學童對於科學學習的自信心以及興趣的排名卻很低。爲什麼會這樣呢？我認爲，這是因爲孩子們感受不到科學的樂趣，僅僅爲了考試而硬背知識所造成的結果。

那麼，該怎麼做才會讓孩子們覺得科學並不困難，並且快樂的學習呢？

研究科學的人們說，從小時候開始，試著在日常生活或是周遭的各種現象當中，找出科學原理的過程是很重要的，如此便能夠自然而然的理解，並從中學習。

難道不能一邊閱讀有趣好玩的書，同時還學習到科學概念嗎？本書便在這樣的想法下誕生了。本書主角分別是喜歡說著諺語和金句，自認爲什麼都懂的「自以爲是大魔王」全智基，以及個子大、力氣也大的囉唆鬼「阿壯」姜月月，還有夢想成爲明星影片創作者的「話匣子」曹阿海。透過他們經歷的刺激冒險故事，和這些在驚險危機時刻機智解謎的主角們一起尋找答案，你將會感受到自己的科學實力不知不覺間，成長進步許多呢！

現在，讓我們與科學小偵探一起展開冒險吧！準備好了嗎？出發！

趙仁河

目錄

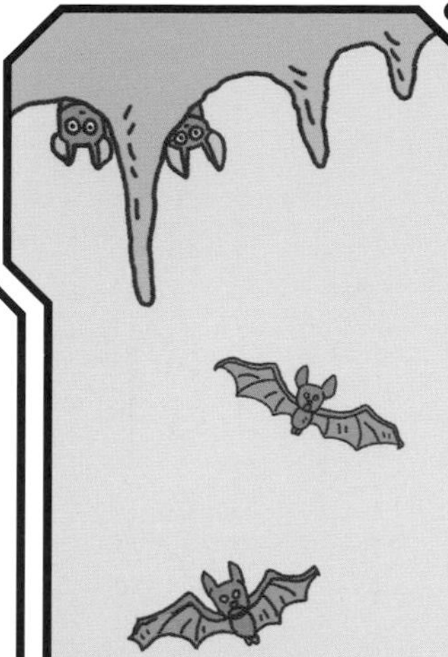

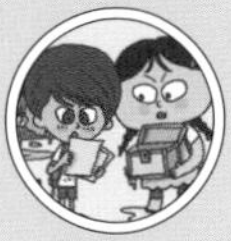

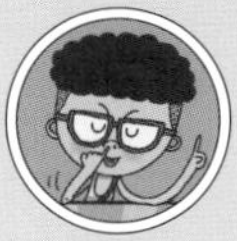

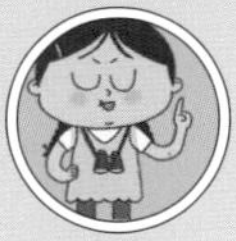

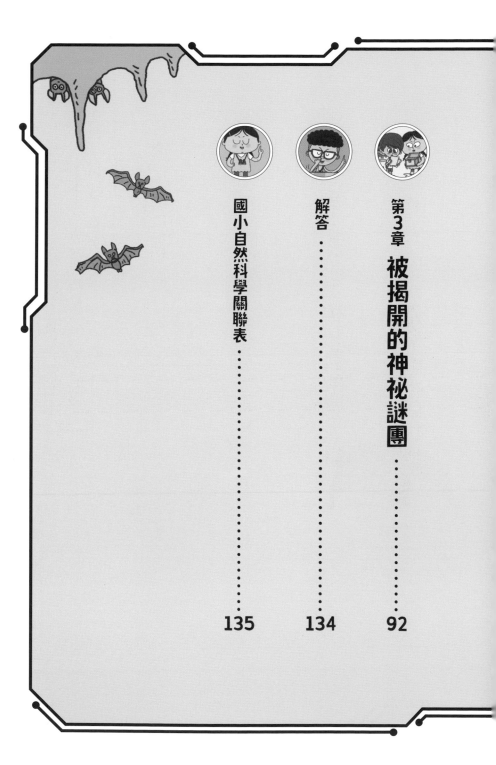

科學小偵探人物介紹

全智基

外型俊俏、頭腦聰明的男孩，是「物質」及「運動與能量」的高手。因為老是一邊說著諺語，一邊裝作一副什麼都懂的樣子，硬要說自己都是對的，所以綽號又叫做「自以為是大魔王」，思考時有咬指甲的習慣，手上一天到晚都拿著放大鏡。

姜月月

因為個子高、力氣大，所以綽號又叫做「阿壯」。好奇心強、愛管閒事，經常對別人嘮叨，還很愛跟老師告狀。在「生命」及「地球和宇宙」的領域中，知識相當豐富。脖子上總是掛著一副望遠鏡。

曹阿海

他是網路節目「話匣子TV」的影片創作者。因為本來話就很多，所以有「話匣子」的綽號。因為需要搜集節目裡的素材，所以無時無刻都拿著手機東拍西拍，他的推理能力和觀察力非常出色，而且他在推理的時候，會不自覺的一直挖鼻孔。

柯蘭

她是一位老師，也是卡通《名偵探柯南》的狂熱粉絲，她雖然無時無刻喊著柯南的臺詞「真相只有一個！」，但由於她的推理總是出差錯，經常會驚嚇到孩子們。她總是戴著和柯南相似的眼鏡，所以孩子們都叫她「柯蘭老師」。

《《 第1章 》》

發現神祕島的驚人謎團！

A
D
sin x = 1/√2
=mc²
CH3
tgα
HO
NH
tgα = sinα/cosα
B
C

一個夏日的午後，全智基、姜月月和曹阿海正悠閒的走向碼頭。就讀花牆國小的三個孩子，結束了在神祕島舉辦的兒童科學營後，正準備回家，就在這時候，原本走在後面東張西望的姜月月，突然指著碼頭大喊：

「哦！那不是柯蘭老師嗎？」

「阿壯，真服了妳！這麼熱的天氣，妳還有心情開玩笑啊？」曹阿海不耐煩的說。

走在前面的全智基突然眼睛睜得又圓又大。

「我沒有開玩笑，真的是柯蘭老師啊！老師為什麼

會來到神祕島呢？」

在校外偶然遇見柯蘭老師的孩子們又驚又喜，於是快步朝向老師跑過去，但是氣氛感覺怪怪的，有一位塊頭很大的婦人正在大聲斥責柯蘭老師和一位戴著金項鍊的婦人，還有留著小鬍子的叔叔。孩子們小心翼翼的呼喚柯蘭老師。

「老師！柯蘭老師！」

「你們怎麼會在這裡？不好意思，老師

現在要處理一件麻煩的事情，你們可以等我一下嗎？」

柯蘭老師看到孩子們很開心，但是好像因為發生了非常嚴重的事，神情相當凝重。

「少廢話了！趕快交出我的珍珠項鍊！你們再繼續這樣裝蒜，我就要報警了！」大聲喝斥的大塊頭婦人，語帶威脅的說。

「不……不是啊太太，為什麼您的項鍊不見，要找我們討呢？」

柯蘭老師好像被大塊頭婦人的威脅嚇到了，講話有點結巴，緊接著金項鍊婦人和小鬍子叔叔也在一旁答腔。

「就是說啊！是妳自己弄丟項鍊，為什麼找我們要呢？」

「對啊！太太，不是我們在裝蒜，我們是真的不知道啊！」

姜月月從四個人的對話中猜出發生了什麼事，於是焦急的跺起腳來。

「不妙了！老師好像被當作小偷了。」

「你們要一直抵賴狡辯是吧？好啊！那就去警察局談吧！這裡最近的警察局在哪裡？」大塊頭婦人的音量變得越來越大。

大塊頭婦人話剛說完，上了年紀的神祕島里長便站了出來。

「這裡是一座小島，沒有警察局，加上來往這裡的船隻一天就只有一班，就算您現在找警察來，大概也要到了明天的這個時候，他們才會過來，所以您要不要先冷靜下來，說說看究竟發生了什麼事？」

聽完里長的話，所有人都點點頭，於是大塊頭婦人便開口說起事情

我叫李順妹，這裡是我的故鄉。明天是我母親的八十歲生日，為了慶祝這天，我特地買了一條珍珠項鍊要送給她，明明搭船的時候珍珠項鍊都還在，但是我剛剛下船一看，珍珠項鍊就消失不見了！

的經過。

「您確定您有把珍珠項鍊帶上船嗎？」里長問。

「當然確定啊！我不是還給同船艙的這三個人看了珍珠項鍊嗎？」李順妹說。

聽完李順妹婦人的回答，柯蘭老師、金項鍊婦人和小鬍子叔叔紛紛插了話。

我叫做柯蘭。我本來要去神祕島的叔叔家玩。那位女士的確有給我看珍珠項鍊，但就僅此而已。我連項鍊消失了也不知道。莫名其妙就要我交出珍珠項鍊，這也太不講理了吧？

對啊！太不講理了，簡直無理取鬧！我是朴信英。雖然我也看了項鍊，但那位女士只是拿出來炫耀了一下，就又放回她自己的包包裡了。我聽說神祕島的景色很優美，所以千辛萬苦的來到這裡，結果竟然還遭受這樣的誣賴，真的好冤枉啊！唉……

朴信英女士說完，哽咽了起來。

小鬍子叔叔看見了朴女士傷心的樣子，便拉高音量說出了這次的來由。

眼看氣氛越來越糟糕，於是里長又再次站出來說話：「大家請冷靜，不要激動！請問李順妹女士，

唉！冤枉的不只您兩位女士，我也快抓狂了啊！真是的，我叫金道米。那個珍珠項鍊還是什麼的，我根本就只瞄到了一眼，記都記不得好嗎？我聽說這個地方可以抓到稀有的真鯛，所以來這裡釣魚，現在這是什麼令人傻眼的狀況，女士您該不會是自己搞丟了，然後硬要找個人栽贓吧？

您是什麼時候給大家看珍珠項鍊的呢？」

聽完里長的提問，李順妹婦人的眼睛瞇得細細長長，像是很努力的追溯著記憶，接著她回答：

「嗯，搭上船之後，大約過了兩個小時，我們四個人本來正聊著關於神祕島的傳說，當大家聊到此行的目的時，我就把珍珠項鍊拿出來給他們看，接著我突然暈船暈得很嚴重，他們三個人說要去吹一下海風再過來，叫我待在座位好好休息，就走出去了。突然我的肚子又痛又想吐，那時真是生不如死啊！於是我馬上衝去廁所，應該去不到五分鐘吧！回來後發現包包是開著的，居然有人把珍珠項鍊偷走了！」

「但是為什麼您說那三個人之中有一位是犯人呢？也有可能是船上的其他人偷走啊！」

對於里長犀利的質問，李順妹婦人勃然大怒吼了起來。

「就說了！除了我之外，只有那三個人看過這條珍珠項鍊，如果是不知道的人，怎麼可能在那麼短的時間內就把珍珠項鍊偷走？總之，犯人絕對就是那三個人的其中一個啦！」

「請不要開口閉口就說什麼犯人不犯人的，讓人聽了很不舒服，我那時候在船後面餵海鷗，不過當時只有我自己一個人，所以沒有人能幫我作證，反正不是我就對了！」朴信英女士有些難過，講到最後時，刻意拉高了音量。

接著連柯蘭老師也哽咽了起來，老師用顫抖的聲音說：「我是一位國小老師，我總是教導孩子們絕對不可以偷竊，而您竟然說我是犯人，您說的那個時間，我正在船側甲板拍照。」

「有人可以證明妳說的話嗎？」里長問。

里長的提問剛出，柯蘭老師便搖著頭大聲的說：「沒有，當時就只有我自己一個人，但是小偷真的不是我，請您相信我！」

柯蘭老師話音剛落，金道米叔叔一邊無奈的捶著胸口，一邊接著說：「哎呀！我也沒有能幫我作證的人，您說的那個時間，我正在船前方的甲板準備要打電話給民宿，當時民宿正在通話中，所以沒有成功撥通，然後我看甲板那邊都沒有任何人，所以我就一個人在那裡抽完菸再進到船裡。」

里長嘆了口氣，喃喃自語的說：「說到底，三個人都沒有可以證明自己說詞的證人啊！」

這時候，一直在旁邊靜靜看著他們的曹阿海不由自主的挖起了鼻孔，一邊說：

「嗯！這樣聽下來，一邊打著電話還能到處閒晃的金道米叔叔最可疑啊？」

姜月月看見曹阿海挖鼻孔的樣子，皺著眉頭反駁了他，說：

「好髒啊！別再挖鼻孔了啦！在我看來，犯人應該是全身戴滿華麗飾品的朴信英婦人，她一定是因為很想要那條珍珠項

鍊，所以就把它偷走了。」

一邊咬著指甲，一邊陷入思考的全智基也接著說：

「真是混亂多事的一天，但是這樣看起來柯蘭老師也很有可能是犯人，因為船側甲板離船艙是最近的。」

「真是的！老師現在身處困境，你不幫忙也就算了，竟然還懷疑老師！」

姜月月氣到全身都在發抖，氣沖沖的瞪

著全智基，曹阿海嚇了一跳，趕快擠進兩個人的中間，說：

「夥伴們，現在不是吵架的時候，就像阿壯說的，我們應該要幫忙陷入困境的老師才對！」

「好！那要怎麼做呢？」全智基問。

「我們抓住犯人就行了！因為犯人就在那三個人，不對，是兩個人之中。」曹阿海微笑著回答。

「話是那麼說沒錯，但我們要用什麼方法……」

全智基的話還沒有說完，姜月月就活力十足的大喊：

「有了，就是那個，我想到方法啦！靠它就能抓到犯人！」

這時候，姜月月拿出了一個大盒子。

「這個指紋採集箱是我在科學營得到的紀念品，妳要用它來做什麼呢？」

聽見曹阿海的疑問，姜月月的眼睛閃爍了一下，說：

「當然是用它來採集柯蘭老師和那三個人的指紋啊！指紋就是人的手指指尖內側表面的紋路，每個人的指紋都不一樣，而且直到死亡那一天，指紋都不會改變，所以如果要確認犯人到底是誰的話，採集指紋絕對是最有效的方式，人的手指上有汗水和油脂，所以摸到物品的時候，就會在物品的表面留下指紋。」

原本默默聽著姜月月說話的全智基，咯咯的咬著指甲，一邊接著姜月月的話往下說。

「那麼我們只要採集珍珠項鍊盒子上面的指紋，然後將採集到的指紋和李順妹婦人以外其他三個人的指紋進行比對，就可以知道誰是犯人了，對嗎？」

「沒錯！那麼我們現在一起去告訴里長！」

孩子們仔細的向里長說明用指紋來找出犯人的方法。

「哦！我也曾經在電視上看過用採集指紋的方式來抓到犯人，那麼我們就來試看看！」

里長聽了孩子們的話後面露喜色，馬上就把裝珍珠項鍊的盒子拿了過來，李順妹婦人小心翼翼的用手帕將盒子包裹著，一拿到盒子，姜月月就用指紋採集箱裡的筆刷沾取黑色粉末，輕輕刷在盒子表面。結果，盒子上出現了兩個鮮明的指紋，姜月月用透明膠帶黏在指紋上再撕下來，然

後貼到白紙上。

「哇！真的出現指紋了！」

「好神奇！究竟會是誰的指紋呢？」

原本屏住呼吸等待結果的人們，開始低聲私語起來。

姜月月接著採集了李順妹婦人的指紋，然後把這些指紋和盒子上採集到的兩個指紋進行比對，比對後，盒子上只有一個指紋和李順妹婦人的指紋是一致的，另一個指紋不一致，所以剩下的這個指紋絕對就是犯人的指紋。

「現在只要找出跟這個指紋相符的主人就行了。」

請在三個人的指紋中，
找出與盒子上
一模一樣的指紋。
犯人指紋
柯蘭

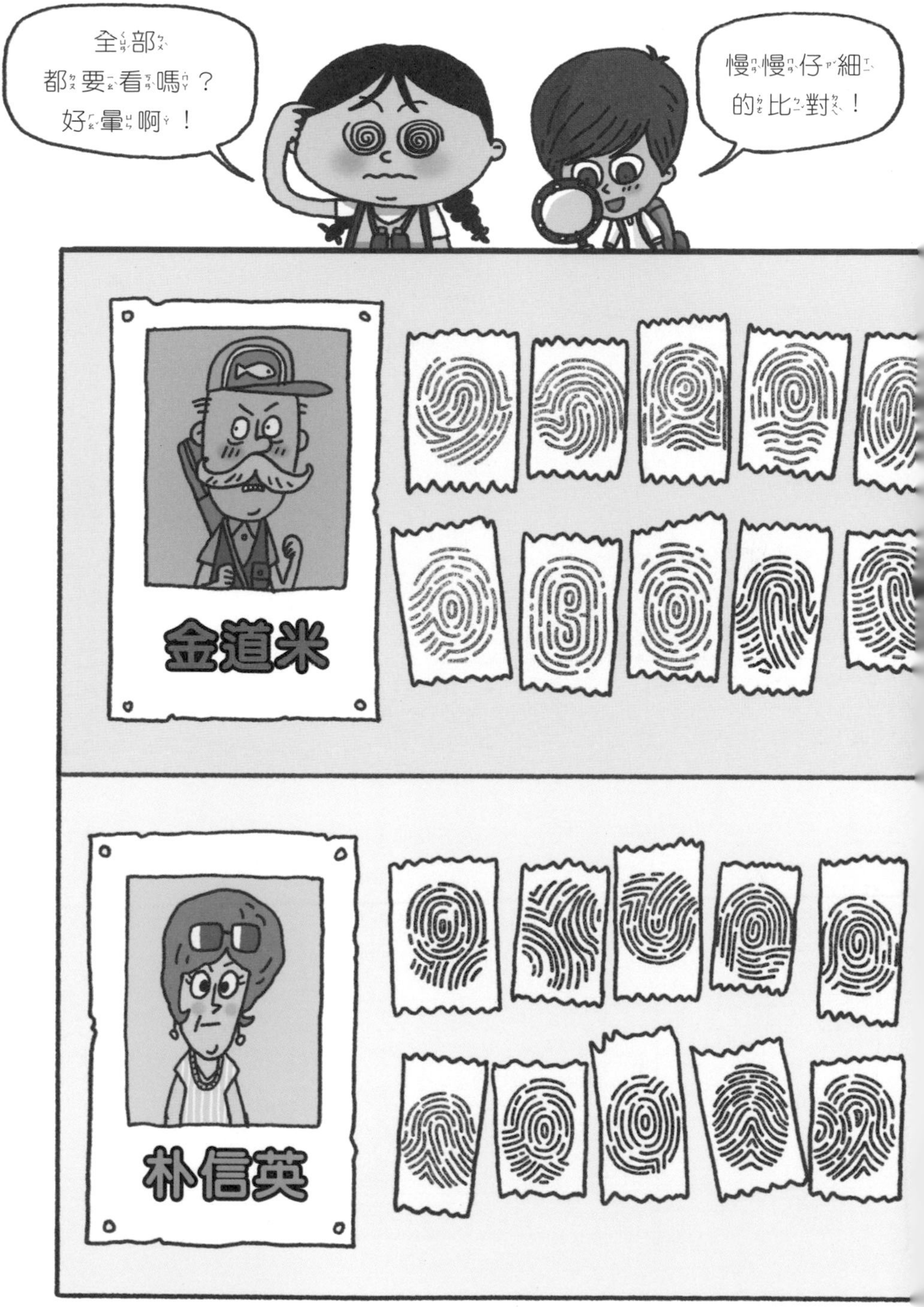
全部都要看嗎？好暈啊！
慢慢仔細的比對！
金道米
朴信英

 解答在134頁！

全智基一說完，柯蘭老師突然喊出了《名偵探柯南》的臺詞「真相只有一個！」。

姜月月仔細的對朴信英婦人、金道米叔叔，還有柯蘭老師進行了指紋採集，採集了將近三十個指紋，但是就在姜月月正要進行指紋對照時，她突然蹲坐在地上，說：

「哎呀，我的眼前怎麼搖搖晃晃的，是因為太熱嗎？」

可能是因為一直在採集指紋，都沒有停下來休息，所以累壞了，這時候原本在一旁拍影片的曹阿海自信滿滿的站出來，說：

「剩下的就交給我吧！我剛剛錄影的時候一直在看犯人的指紋，應

該馬上就能找出來！」

曹阿海專心的將三個人的指紋一一進行比對，終於猛然站起身來，他走到三個人的面前，並指著其中一個人說：

「犯人就是您！」

曹阿海指著的人，就是朴信英婦人，大家都嚇了一大跳。

「盒子上的指紋，和您右手大拇指的指紋一模一樣。」

聽了曹阿海的話，朴信英婦人的臉色變得鐵青，她直接跌坐在地，放聲大哭起來。

「嗚嗚嗚，真的很抱歉！我滿腦子只想著要還債，結果就失去了理智。我進到船艙時，因為看船艙裡都沒有人，所以一時就起了貪念，嗚嗚……」

朴信英婦人將珍珠項鍊交還給李順妹婦人，豆大的淚珠一邊不停的的流下來。

「嗯，就算有苦衷，也不可以偷別人的東西啊！」

里長嚴厲指責了朴信英婦人，找出犯人後，孩子們便欣喜的往柯蘭老師跑去，因為孩子們的協助而洗刷冤屈的柯蘭老師，熱淚盈眶感激的說：

「真的很謝謝你們！多虧了你們，我才能平安無事！」

「老師別這樣說，我們只是做我們該做的！」

全智基有點害羞的抓抓頭，姜月月不開心的撅起嘴對全智基說：

「你一開始還自以為是的懷疑老師是犯人！老師，他怎麼可以懷疑老師呢，您說對不對？」

「沒關係的！推理的過程中，本來就會有可能發生那樣的狀況。」

柯蘭老師說。

「老師！我，那個……」

「孩子別在意。話說回來，你們怎麼會跑這麼遠來到這裡？」看見全智基支支吾吾的樣子，柯蘭老師輕輕的拍了拍他的背。

「啊！我們結束了神祕島上舉辦的科學營，本來正準備要回家。」曹阿海回答了柯蘭老師的疑問。

「原來如此，那現在怎麼辦呢？因為我的事情，害你們沒搭到船……」

柯蘭老師望向大海，看著漸漸駛遠的船隻，不知不覺只剩下船的背影依稀可見。因為自己的緣故，害孩子們錯過回家的船，柯蘭老師感到很愧疚，她思索了一下，開口說：

「你們為了幫我，連回家的船都錯過了，我當然不能就這樣拋下你們，你們和我一起去我的叔叔家吧！我會通知你們父母的。」

聽到這個意外的提議，孩子們又驚又喜的相視並擊掌。

柯蘭老師的叔叔家是一間古色古香的韓屋，柯蘭老師的叔叔像是老早就收到消息似的，已經在大門前熱情的迎接他們了。

「哦！你們就是幫我姪女洗刷罪名的小偵探們啊！果然一看就是一群聰明的孩子呢！房子雖然有點簡陋，還是希望你們玩得開心！」

孩子們用宏亮的聲音大聲回答：

「好！」

看見三個孩子們朝氣蓬勃的樣子，柯蘭老師的叔叔也跟著豪邁大笑。

接著，柯蘭老師帶著孩子們參觀房子，他們在客廳發現一個畫框。

「老師，請問畫框裡的這些字是什麼意思呢？」

聽見曹阿海的發問，柯蘭老師歪了歪頭。

「嗯……我也不太清楚，這些字是叔叔的爸爸，也就是我爺爺留下來的。爺爺曾經是很有名的科學家，但是某天他突然收拾一切回到故鄉，也就是這裡，然後還寫下這些字，要叔叔好好的保管收藏。」

「他都沒有提到任何跟文字內容有關的事情嗎？」姜月月好奇的問。

「叔叔本來之後打算要問爺爺的，但是因為爺爺突然去世了……，所以即使不知道內容的意思，叔叔還是珍藏著它。」

「這看起來像是文字謎語，我們現在就來解謎吧！」

全智基開始用放大鏡仔細的查看畫框，姜月月也認真的拿起望遠鏡檢視畫框。曹阿海則是趕快拿出手機，認真記錄下他們的樣子。這時

這些文字是我爺爺留下來的。
這應該是文字謎語！

候，專注調查畫框的全智基興奮的說：

「老師，畫框的最底下寫著小字！」

「真的嗎？寫了什麼？」聽到全智基的話，柯蘭老師驚訝的問。

「上面寫著『不需要春天吹來的風沙』。」

「那是什麼意思啊？這個畫框裡的語句都好奇怪。」

曹阿海口中唸唸有詞，姜月月突然把望遠鏡從眼前拿開，大力的拍掌，說：

「有了！我懂了！我終於知道這些文字的意思了！」

姜月月注視著畫框，開始講解起來：「所謂『春天吹來的風沙』，

請試著解出
畫框裡的暗號。
裡面藏著什麼話呢？
去黃沙到神祕黃沙山
黃沙洞裡的黃沙話就
會黃沙找到黃沙線索。
不需要春天吹來的風沙
「春天吹來的風沙」
指的是從沙漠
吹來的黃沙嗎？
它這裡說的
「不需要」，是要我們
從這些文字中拿掉什
麼的意思嗎？
解答在134頁！

黃沙指的是在蒙古和中國的乾燥地區內那些非常微小的塵土，它們會隨著強風飛到空中，而伴隨著沙塵的風，又會吹向韓國、日本等國家，並緩緩掉落在土地上。黃沙主要都是在春天的時候吹來。由於黃沙當中包含了許多對人體有害的物質，所以也會引發氣喘、眼疾、皮膚病、癌症等疾病，更不用說會使空氣品質變差。

指的就是『黃沙』。」

「黃沙？那是什麼？」全智基問。

「原來是因為這樣，難怪去年春天整個天空都籠罩著黃黃的沙塵，所以我媽才要我戴口罩去上學啊！」曹阿海恍然大悟的說。

「沒錯，以前人們認為黃

如果拿掉『黃沙』，
唸起來就是……
去到神祕山洞裡的話
就會找到線索！

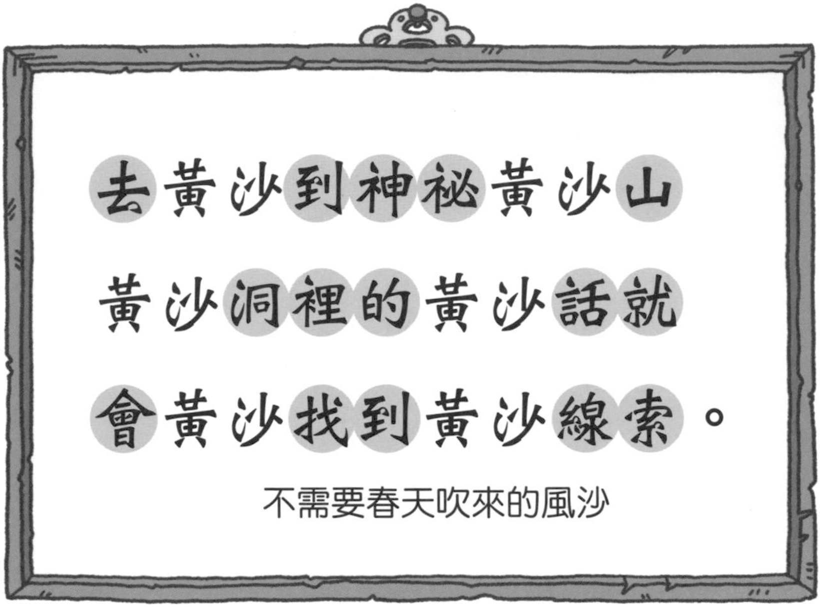
去黃沙到神祕黃沙山
黃沙洞裡的黃沙話就
會黃沙找到黃沙線索。
不需要春天吹來的風沙

沙不過就是春天吹來的風沙。然而，現在黃沙成為會帶給生活威脅的汙染物質。總而言之『不需要春天吹來的風沙』這句話，指的是不需要黃沙的意思，所以應該就是要我們把文字中的『黃沙』拿掉。」

聽完姜月月的說明，全智基一邊把文字中的『黃沙』拿掉，一邊唸出來：「去到神祕山洞裡的話就會找到線索。」

「哇！阿壯，妳好厲害！」曹阿海感到非常驚訝，全智基也豎起了大拇指，姜月月因此害羞臉紅。

這時候，柯蘭老師雙眼散發著好奇的光芒說：

「哦！好像是那樣！因為神祕島上真的有一個神祕山洞，不過可惜的是山洞的入口被巨大岩石堵住了，所以沒有辦法進去。」

「即使是這樣，應該還是有進去的方法吧？」

聽到曹阿海的發問，原本搖著頭的柯蘭老師突然睜大眼睛。

「我記得小時候，爺爺曾經說過很奇妙的話，他說如果神祕山洞前的岩石喝了水，山洞入口說不定會打開！我那時候相信了爺爺的話，在某個下雨天跑到山洞前，試著使盡全力的推動岩石，可是岩石根本一動也不動，難道……」

「沒錯！一定還有進入山洞的方法，不然爺爺沒有理由留下這樣的暗號，我們現在就馬上去神祕山洞找出方法吧！」

全智基一說完，姜月月和曹阿海也跟著激動起來，他們望著柯蘭老師，屏氣凝神的等待回應，柯蘭老師考慮了片刻，總算點頭同意。

「太棒啦！」

三個人大聲歡呼，開心的蹦蹦跳跳。孩子們趕緊跑到房間，收拾了一大包東西，裡面有手電筒、膠帶、礦泉水、紙杯、木筷、餅乾零食等，曹阿海看著那一大包的物品，嘻嘻的笑說：

「我們是要去山洞探險，還是要去郊遊啊？」

「呵呵呵，就是說啊！但不管是什麼方法，只要能解決問題的就是好方法，不是嗎？」

全智基一邊回答，一邊扛起包包迅速站了起來，當孩子們來到客廳時，他們的眼睛都瞪得又大又圓，因為柯蘭老師身穿夾克外套和短褲，甚至還打了個蝴蝶領結，就像她的偶像名偵探柯南一樣的裝扮，柯蘭老師高喊著「出發！」，並搶先跑到外面，全智基看到老師的樣子，用驚訝的表情小聲說：

「我怎麼覺得老師看起來比我們還要興奮啊？」

「真的！」

姜月月和曹阿海也一邊附和，接著一行人出發準備迎接下一個未知的挑戰。

出發！
是柯南！
哇！

《《 第2章 》》

陷入危機的小偵探們

陽光酷烈的海邊，孩子們和柯蘭老師沿著海岸走了好一陣子，他們決定先到樹蔭下休息。炎熱的夏天，孩子們熱到汗流浹背，像是生病的小雞，走起路來搖搖晃晃，他們氣喘吁吁的停下腳步後，馬上大口大口的喝水。在大家稍微恢復精神之後，曹阿海出了一個問題考大家，好像是從他的補習班朋友羅小算那邊聽來的。

「我看到那片海突然想到，你們猜為什麼海是藍色的？」

「嗯，因為散射？」

姜月月歪了歪頭，才剛說出回答，曹阿海就高興的說：

「錯！因為魚在海裡Blue Blue！哈哈哈！好笑吧？」

曹阿海冷到極點的冷笑話又開始了。全智基和姜月月互相對視，噗哧笑了出來，接著他們被宏亮的笑聲嚇了一大跳。笑到連腰都伸不直的不是別人，正是柯蘭老師。

「哈哈哈，好好笑！羅小算是金令龍老師班上的學生吧？我超愛聽金

令龍老師說的冷笑話。那個孩子身為金老師的學生，冷笑話功力真不是蓋的！」

就在這個時候，休息也不忘記任務，拿著望遠鏡四處查看的姜月月突然大喊：

「老師，我看見那個山坡上有一個巨大的岩石，那會不會就是神祕山洞的入口？」

「沒錯。神祕山洞的位置好像差不多就在那裡。」

於是一行人趕緊收拾東西，跑到山坡上面，結果真的有一個非常龐大的石頭高聳突出的擋在山洞前面。

最先到達的姜月月使勁推了推那塊岩石，但是岩石完全沒有動靜。全智基和曹阿海，甚至還加上了柯

蘭老師，大家全部一起試著要推動岩石，但是岩石根本一動也不動。

孩子們懷疑岩石上有著什麼機關，便趕緊觀察起岩石的周圍。

「這裡好像有什麼東西跑出來了！」

拿著放大鏡仔細查看岩石下方的全智基突然大喊，岩石的下方像變魔術般的出現了一個長方形的表格，表格上寫著：

「找出不是昆蟲的動物，門就會打開。」

「真是活見鬼啦！剛剛明明什麼都沒有，怎麼會……」

「是不是因為我們倒了水？」

曹阿海的話才剛說完，姜月月就插話說道：

請找出表格上不是昆蟲的動物，並塗上顏色！

找出不是昆蟲的動物，門就會打開。

蝴蝶	蜜蜂	螞蟻
蜻蜓	蜘蛛	蟬
鍬形蟲	蛾	蜈蚣

解答在134頁！

這些不是全部都是昆蟲嗎？
就是說啊！

「有了！就是那個。沒錯，就像你說的那樣，這張表格和上面的文字，是因為被水浸溼才出現的。原理很簡單，在岩石刻下文字之後，將不同種類的岩石粉末和黏膠劑混合，然後再把它填充在刻痕中。這樣一來，雖然平常看不出任何東西，但只要被水弄溼的話，混合了黏膠劑的石粉，就會變成清楚的文字浮現出來。」

「啊哈！原來如此！姜月月厲害厲害！」

聽到柯蘭老師的稱讚，姜月月害羞的說「沒有啦！沒有啦！」

說完她看向全智基和曹阿海，並接著說：「話說回來，這個問題也太簡單了吧？只要知道昆蟲的特徵，就可以解出來了！」

「那趕快把答案說出來，萬一水乾掉的話，表格也會消失的。」全智基發牢騷說。

姜月月沒有回應他，而是問了所有人一個問題：

「說到昆蟲，你們會想到什麼？」

「翅膀很美麗漂亮的蝴蝶、會吸血的蚊子、會鳴叫的蟬。」曹阿海回答。

「沒錯。昆蟲是在地球上種類最多，數量也最多的動物，長相和大小也非常多樣，

那麼我來考考大家！我們生活周遭常見的蜘蛛、蟎蟲、蜈蚣、蝸牛、鼠婦是不是昆蟲呢？
蜘蛛
蟎蟲
蜈蚣
蝸牛
鼠婦
嗯，蠻難的呢？雖然其他的我不知道，但我確定蜘蛛是昆蟲。
錯！
答錯了。全部都不是昆蟲！
因為蜘蛛的身體分成頭胸部和腹部，而且牠有8隻腳。蟎蟲也是8隻腳，蜈蚣則有超過30隻以上的腳，鼠婦是14隻，蝸牛的腳則叫做腹足。
那麼表格中不是昆蟲的動物，就只有蜘蛛和蜈蚣了呢！
頭胸部
腹部
腳

不過昆蟲之間有著共通點。牠們的身體分為頭、胸、腹三個部分，並且有三對腳。」

四個人的目光全部都集中在岩石下方，全智基小心謹慎的按壓寫著「蜘蛛」和「蜈蚣」的格子。結果巨大的岩石發出了空隆隆隆的聲響，並自己移動了起來，緊接著一個狹小的入口出現在他們眼前，孩子們的眼睛瞪得大大的，柯蘭老師也感到非常驚訝，眼睛眨個不停的說：

「入、入口竟然打開了……」

柯蘭老師和孩子們的心臟撲通、撲通的狂跳，一行人小心翼翼的走進了山洞。陽光從山洞內的天花板縫隙照射進來，讓山洞沒有想像中的

空隆隆隆

只要找出拉扯會變長，放開又會恢復原狀的物體，就會出現幸福之橋，要是沒有找到的話，會出現不幸之橋！

黑暗。再往更裡面走，山洞的路變得更加窄小，這時前方出現了一個墊腳石橋。不知道是不是因為現在水乾掉了，所以地板上滿是細沙，墊腳石橋前還插了一個小小的木牌。

「這又是什麼意思呢？它說拉扯會變長，然後放開的話會恢復原狀？」

走在最前面的曹阿海一邊驚訝的說著，一邊抬起腳準備要走墊腳石橋，就在那個時候……

「停！別動！」

全智基大喊，並拉住了曹阿海。

「嚇我一跳，怎麼了？」

「等等，這些墊腳石好像不是可以隨便踩的，你看那個！」

曹阿海仔細觀察這些墊腳石，每顆石頭上都畫了橡皮球、紙盒、棒球棍、書等各式各樣物體的圖片。

「那些圖片到底代表什麼呢？和木牌上的文字有關聯嗎？」曹阿海

好奇的問。

「沒錯！木牌上的這段文字，好像是要我們找出『拉扯會變長，放開又會恢復原狀的物質所做出的物體，然後，只踩著上面有那種物體的墊腳石過橋』這個意思。」全智基說。

「物質是什麼？物體又是什麼啊？」

姜月月和曹阿海爭先恐後的問，全智基趾高氣揚的回答：

「這種問題根本就是小菜一碟！現在讓我們想一想背包的裡面有紙杯、木筷、水桶……。這些東西的形狀都不同，大小也都不一樣，它們是不是都會占據一定的空間？像這樣具有形狀，而且會占據空間的

請仔細看石頭上的圖片，找出與木牌文字敘述相符的物體，並畫線將它們連起來。
釘子
紙盒
橡皮球
塑膠水桶
塑膠水瓶
鐵罐
橡皮擦
橡膠手套
金屬鑰匙
棒球棍
金屬迴紋針
橡皮筋
書
玻璃魚缸
氣球

解答在134頁！

東西，就叫做『物體』。但是，物體是由多樣材料所製作而成的，像紙杯是由紙，而木筷是由木頭，水桶則是由塑膠製作而成。所以像紙、木頭、塑膠等，這些用來製作物體的材料，就叫做『物質』。」

「哇！你好會說明喔！讓人一聽就懂！」

不知道從什麼時候開始，坐到地上並托著下巴的曹阿海讚嘆著說。

全智基繼續接著說明：

「不過，由於物質分別都具有不同的性質，因此根據物體的功能而選擇適合的物質來製作，當然是最好的。那麼話說回來，當中拉扯會變長，放開又會恢復原狀的物質是什麼呢？」

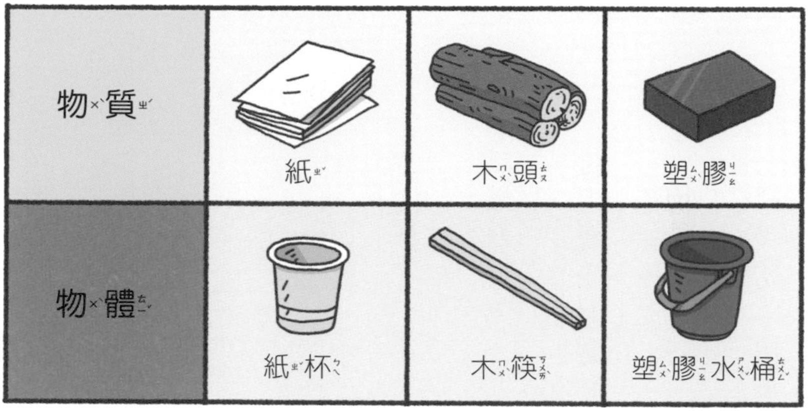

「是橡膠！」曹阿海飛快搶答。

「啊哈！所以才會用橡膠來製作橡皮筋、橡膠手套、氣球，這些拉扯就會變長的物體啊！」

姜月月不甘示弱的說。全智基附和著說下去：

「沒錯！其他的物質像是金屬，因為具有光澤，比起其他的物質也更加堅硬，所以會在製作釘子或是飲料罐等時候使用，而塑膠則比金屬更輕，並且容易製作成各式各樣的形狀，所以會用於製作玩具積木、水桶等各種物體。而木頭因為重量輕，並且具有獨特的香氣和紋路，所以大多用於製作棒球棍、椅子、鉛筆等。」

全智基的說明一結束，曹阿海便迅速的站出來說：

「那麼現在，我們只要踩著畫有橡膠製物體的圖片過橋就好了嗎？」

接著他就踩著畫有橡皮球、橡皮擦、橡膠手套、橡皮筋、氣球圖片的墊腳石安全順利的過橋。緊接著輪到全智基和姜月月過橋。最後一個過橋的柯蘭老師看著孩子們的表現，內心感到無比自豪，臉上一直帶著微笑，她一邊過橋一邊大喊。

「真的是命運安排我們在神祕島上相遇啊！你們真是太聰明啦！呵呵呵呵！」

柯蘭老師的笑聲響徹整個山洞。而原本倒掛在山洞天花板上睡覺的蝙蝠們，不知道是不是因為被聲音驚嚇到，一下子全都飛了起來。柯蘭老師被一整群的蝙蝠嚇了一大跳，尖叫了一聲，結果踩到了畫有「書」圖片的墊腳石。緊接著山洞傳出了空隆隆隆的劇烈聲響，柯蘭老師及全智基就這樣一起被關在石門後面！

「怎麼辦？老師，您還好嗎？全智基，快回答啊！」

姜月月和曹阿海一邊拍打石門，一邊大聲的叫喚著被關住的兩人。

這時，石門的另一邊傳來了柯蘭老師急切的聲音。

「孩子們，你們都沒事吧？」

「嗯！我們沒事。」

「要趕快逃離這裡才行！天呀！那是什麼？沙子一直不停冒出來！」

「啊？沙子嗎？」

姜月月和曹阿海同時大喊。不可思議的事情發生了，沙子竟然從石門間的山洞壁上刷的一聲不停湧出！這時全智基沉著鎮定的四處觀察山洞內部。就在那個時候，他看到前方石門的中間有一個小小的鐵環在晃動。

『鐵環不會毫無理由的被鑲在那裡。』

此刻的全智基就像溺水的人，他抱著就算是一根稻草也要抓住的心情，用力的拉扯鐵環。結果出現了一個長得像盒子的小抽屜，抽屜裡面放了一張破舊的紙條，紙條上寫著：

「風吹使我舞動並增大，遇到水我便會消失。請把我裝進這裡面。」

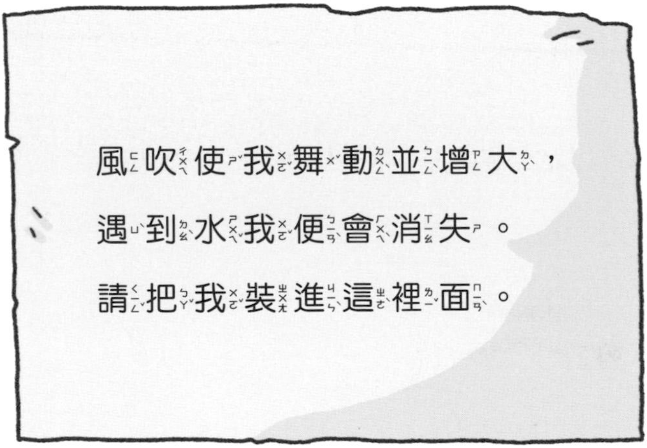
風吹使我舞動並增大，
遇到水我便會消失。
請把我裝進這裡面。

刷啊啊
怎麼辦啊？
讓我想想，讓我想想……。

「這個到底又是什麼意思啊？怎麼辦？沙子傾灑的速度好像更快了。」柯蘭老師看了紙條上的內容，愁眉苦臉的說。

不知不覺間，沙子漸漸堆積蓋過兩人的腳踝，並朝著膝蓋不斷升高。就在那個時候——

「老師，我想出來了！」專注思考的全智基，突然睜開雙眼大喊。

「真的嗎？是什麼？」

不知所措的柯蘭老師望向全智基。

「紙條上的內容，是要我們點燃火，並把它放到盒子裡的意思。」

「要我們點燃火放到盒子裡？為什麼要這樣呢？」柯蘭老師緊張的

看著全智基問。

全智基趕緊接著說：

「因為火被風吹會增大，碰到水的話就會熄滅。所以紙條上的意思，是要我們點燃火，然後裝進這個盒子裡面。」

「原來如此！我們可以把火點在這張紙條上，不過我們身上有火柴或是打火機嗎？」

聽到柯蘭老師的提問，全智基搖搖頭。因為他們出門的時候，完全沒有預料到會有需要點火的時候。看見柯蘭老師失望的表情，全智基也不禁抬起頭望著上方。

請仔細閱讀下方的圖片，找出能夠在山洞裡點火的正確方法，並把它圈起來。

1 將兩塊石頭用力撞擊，使它們一閃一閃的擊出火花，這樣就可以點燃火！

2 使用兩支木棒，相互摩擦，木材本身就是易燃物，摩擦時會產生熱，就能生起火來。

3 用放大鏡將山洞天花板照射進來的陽光凝聚到紙上，就可以成功點火！

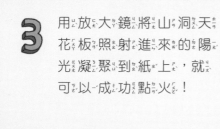

三個好像都能成功？
竟然！不管怎麼撞擊都點不起火！
失敗
噠噠
失敗
啊！怎麼斷掉了？
嗒
成功
太好了！點著了！

「老師，您別擔心。俗話說，天無絕人之路，一定會有辦法的。」

這個時候，望著山洞天花板的全智基，看見從縫隙中照射進來的強烈陽光，彈了一下手指說：

「對了，利用它點火就

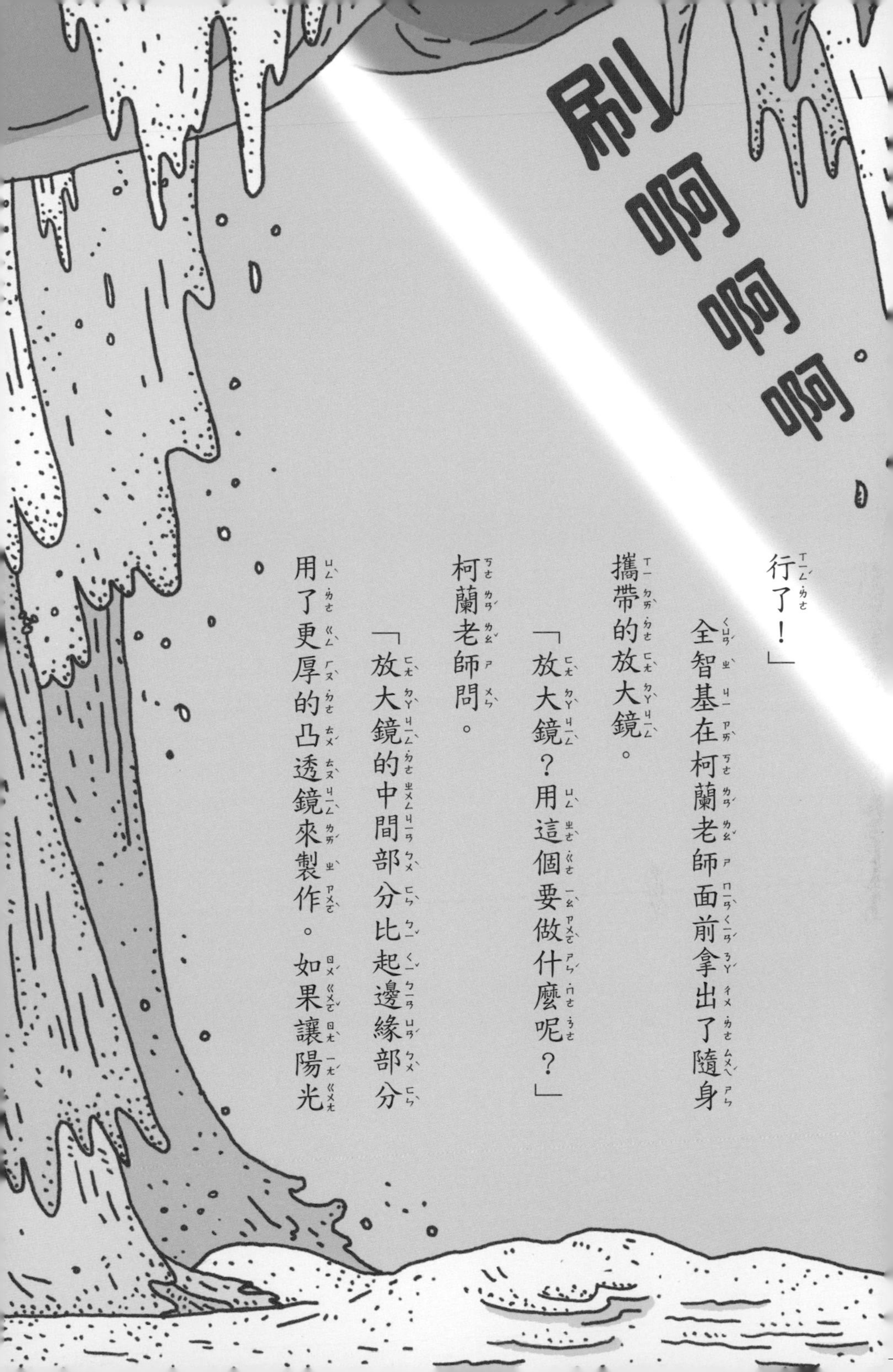

行了！」

全智基在柯蘭老師面前拿出了隨身攜帶的放大鏡。

「放大鏡？用這個要做什麼呢？」

柯蘭老師問。

「放大鏡的中間部分比起邊緣部分用了更厚的凸透鏡來製作。如果讓陽光通過凸透鏡，就可以將陽光的方向折射到中間，並凝聚在一個地方。像這樣子利用凸透鏡，使陽光凝聚的地方亮度比起周圍更明亮，溫度也更高，所以就可以點燃紙張。」全智基詳細的說明。

「在如此危急的時刻，竟然想出了逃脫方法，真是臨危不亂！」

這段時間，沙子不知不覺已經堆積到他們膝蓋的位置。不過全智基並沒有因此感到慌張，他用放大鏡對準從山洞縫隙照射進來的陽光，將陽光、放大鏡及紙張對齊成一直線擺好。就這樣，通過放大鏡的陽光凝聚在一起，在紙張上形成一個明亮的圓。全智基順著陽光的方向，上下移動著放大鏡，調整並對齊好放大鏡和紙張之間的距離，等待明亮的

圓點變到最小。

全智基一邊調整距離，一邊持續用放大鏡收集光，結果神奇的事情發生了。紙張上的圓點開始冒煙，並出現火花，太好了！成功點燃火了！

在一旁揪著心觀看整個過程的柯蘭老師，驚訝的大叫並鼓掌。全智基擔心火會熄滅，趕緊將點燃火的紙張放到抽屜裡面。接著兩邊的石門伴隨著空隆隆的聲響開始上升。原本大量傾灑的沙子也停下來。全智基這時才擦了擦掛在額頭上的汗珠，並放心的吐了一口氣。

這個時候，一直在石門外面的姜月月衝進來，她和柯蘭老師兩個人開心的相擁，放聲大哭起來。

「嗚啊啊啊！老師，嚇死我了。」

「我緊張到心臟都快爆掉了。」

隨後跟上來的曹阿海緊緊抱住全智基。

「全智基！你沒事吧？到底是怎麼一回事？」

「咳咳，我要窒息了。等等，我不能呼吸啦！」

全智基掙扎了一番，好不容易掙脫了曹阿海。全智基把剛剛所有發生的事情說給大家聽。聽完了全智基的說明，曹阿海豎起大拇指說：

「哇！你真的超級棒的！」

「呵！這沒什麼啦！」

全智基洋洋得意的回答，結果四個人都一起笑了開來。

《《《 第3章 》》》

被揭開的神秘謎團

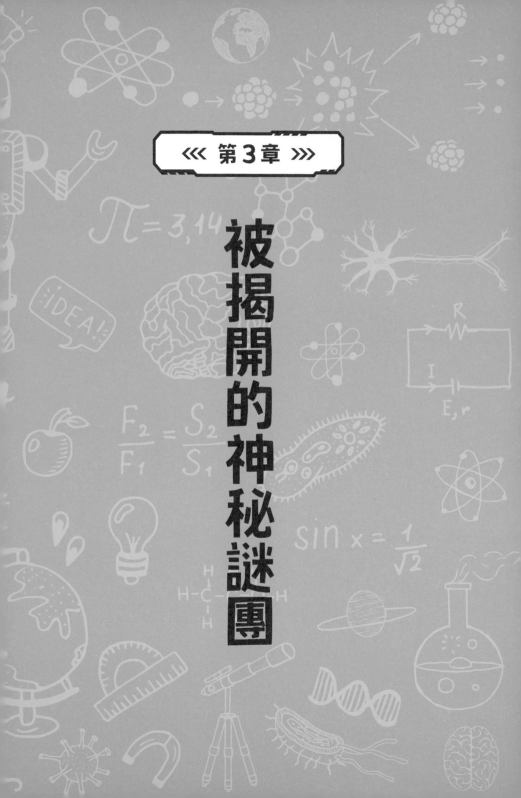

A
D
sin x = 1/√2
y
E=mc²
CH₃
HO
tgα
NH
tgα = sinα/cosα
B
C

一行人稍作休息並收拾好心情後，決定打起精神，再進去山洞更裡面看看。他們往山洞裡走沒多久，就出現了一個小小的空地，山洞上懸著滿滿像冰柱般尖尖的石頭。每個人看了都驚訝的哇聲連連，就在大家感嘆聲不斷的這個時候，姜月月決定把握機會展現一番。

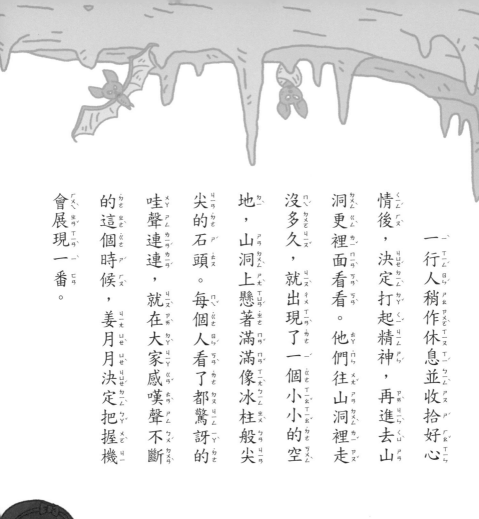

「很酷吧？那個像冰柱一樣懸著的石頭叫做『鐘乳石』。而從地上冒出來像竹筍出土般的石頭，則叫做『石筍』。如果一個山洞中有鐘乳石和石筍的話，那麼這個山洞就是石灰岩洞穴。也就是說，神祕山洞屬於石灰岩洞穴！」

就這樣走到了空地盡頭的四個人，眼前出現了三個洞穴。洞穴上方分別有著寫了「僧山龜」，「喜杖鹿」，「草

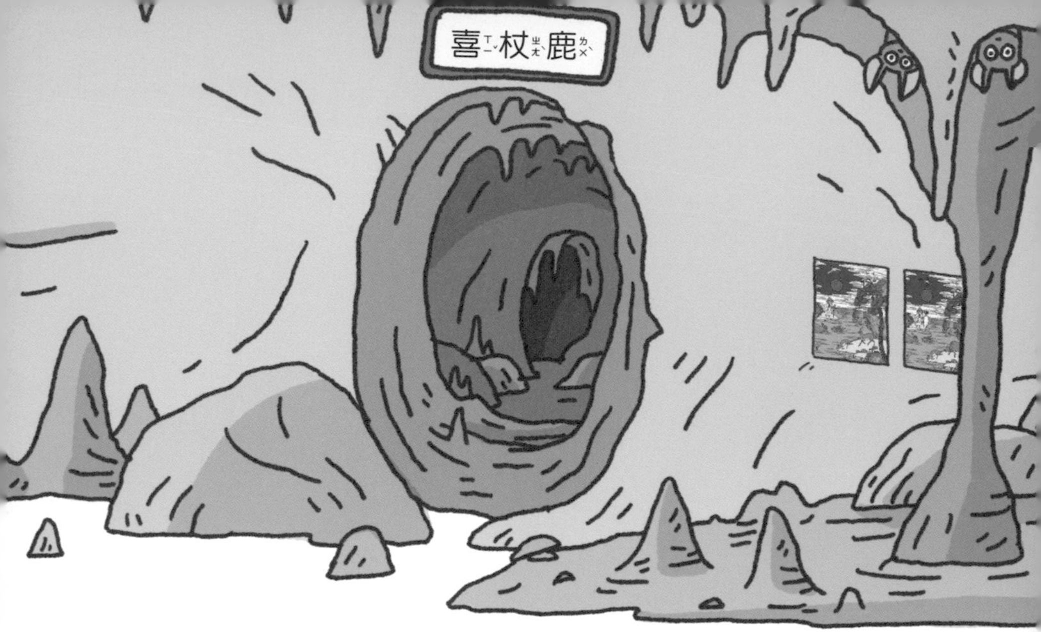

菇河」的匾額。

「又來到要抉擇的時候了，僧山龜，喜杖鹿，草菇河……。呼，到底要走哪條路呢？」曹阿海嘟囔著說。

這時候，心想著附近一定會有線索而四處巡視的姜月月大喊：

「你們快過來！這裡貼著兩張圖片。」

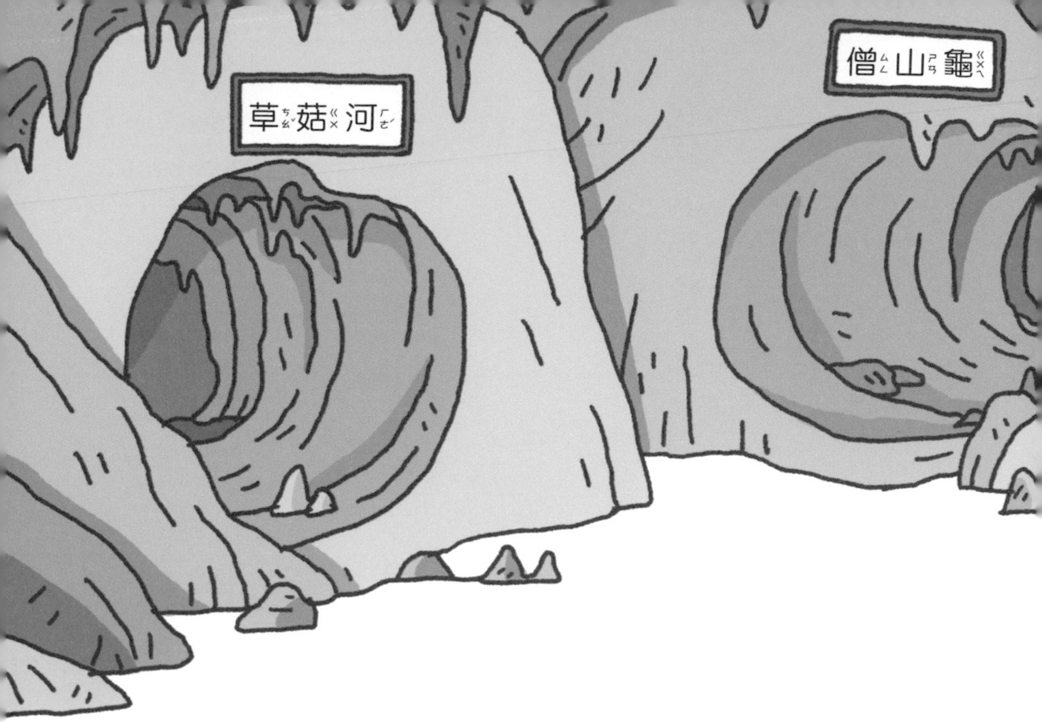

「哦！好奇怪啊？兩張圖片一模一樣。」最先跑來的全智基仔細觀察著圖片說。

而正在錄製影片的曹阿海自信滿滿的說：

「你們發現了嗎？這兩張圖片看似一樣，但是有三個地方是不一樣的。」

「有三個不一樣的地方？在哪

請在兩圖中找出三個不同的地方。

解答在134頁！

裡啊？」柯蘭老師眨了眨眼睛問。

「請仔細看兩張圖片。右圖中的喜鵲，在左圖中換成了鶴，而鹿則換成了牛，老爺爺的拐杖也換成了蘿蔔。」曹阿海說。

「原來如此！曹阿海真是好眼力！」柯蘭老師說。

然而高興只是一時的，四個人馬上又陷入了困惑，他們努力思考著圖片中不同的地方究竟有著什麼意思。這時候，曹阿海好像想到了什麼，說：

「這兩張圖的意思，是不是要我們走三條路當中的喜杖鹿那一條啊？把右邊圖片中換掉的喜鵲、鹿、拐杖的文字順序調整一下，好像就是喜杖鹿！」

所有人都發出了驚嘆聲，柯蘭老師開心得合不攏嘴。

「哇！你們真的好厲害！真相只有一個！」激動又雀躍的柯蘭老師又再次大聲的喊出《名偵探柯南》的臺詞。

匾額上寫著喜杖鹿的洞穴道路非常狹窄。他們小心翼翼的通過洞穴後，眼前出現了比剛才還要更寬敞的空間。一邊的洞壁直瀉著涼爽的瀑布，形成了源源不絕的水渠。在中間的地方，立有一個長得很像祭壇，而且非常高大的石頭，石頭上有一個小箱子。

「你們看那個箱子，那會不會就是放了寶藏的箱子啊？」

用望遠鏡環顧四周，而最先發現箱子的姜月月起了鬨，接著大家便開始吵嚷了起來。

「天啊！這不是在做夢吧？全智基，你捏一下我的臉！」

興奮不已的曹阿海變得語無倫次，而尋寶心切，一秒都不想浪費的四個人，火速爬到了石頭上。不過石頭比想像中的還要陡峭，他們費了好大的力氣才爬上去。姜月月最先爬到石頭上，然後再抓著柯蘭老師、曹阿海，還有全智基的手，把他們拉上來。

爬上石頭的四個人站在藏寶箱前面。箱子上的金箔雖然有些剝落，卻依然散發著高貴的氣息。然而，不論他們怎麼仔細查看，就是沒有看

嘩啦嘩啦
你們看那裡！

到打開箱子的鑰匙。

「我就知道會這樣，寶藏怎麼可能這麼容易就讓我們到手。」柯蘭老師失望的嘆了一口長長的氣。

就在這時候，用放大鏡仔細研究箱子的全智基，眼睛突然亮了起來：「你們看！箱子的底部寫了一段文字！」

「說不定是跟鑰匙有關的提示！快唸看看上面寫了什麼？」

在曹阿海的催促下，全智基一字一字清楚的把文字讀出來：

「機會只有一次？一定要一次就找出來的意思嗎？」

「機會只有一次，找出可以吸附在磁鐵上的鑰匙吧！」

曹阿海歪著頭喃喃自語的說。

「對啊！這也太嚴苛了吧？」

姜月月附和著曹阿海，眼睛睜得圓圓的。

「等等，有了！這段文字的內容就是代表有鑰匙的意思！」

機會只有一次，找出可以吸附在磁鐵上的鑰匙吧！
機會只有一次，
找出可以吸附在
磁鐵上的鑰匙吧！

姜月月用她敏銳的雙眼環顧了周圍，於是在石頭上凹陷的地方發現了好幾把鑰匙。一共有六把鑰匙整齊的插在石頭上。

「大家看！這裡有鑰匙！」

大家看向姜月月手指著的地方，歡呼了起來。柯蘭老師欣喜的笑著說：「那麼現在只要每一把都插上去試，就可以打開箱子啦！」

正當柯蘭老師要拔起最左邊的第一把鑰匙的時候，曹阿海緊急的大喊「等一下！」

柯蘭老師嚇了一大跳，手就這樣定住不動的望向曹阿海。

「老師，剛才全智基唸的那段文字說我們只有一次機會，必須要找出可以吸附在磁鐵上的鑰匙，不然就沒有辦法再打開箱子了。」

「真的嗎？」

聽了曹阿海的話，柯蘭老師感到很震驚，全智基仔細的研究起這些鑰匙。於是他發現了六把鑰匙分別是不同的材質。從最左邊的鑰匙開始，分別是用黃金、木頭、銀、玻璃、鐵、塑膠的材料製作而成的。觀察完鑰匙後，全智基用充滿自信的表情說：

「這些鑰匙中，可以吸附在磁鐵上的鑰匙只有一把。」

就在全智基要抽出鑰匙的那一刻，曹阿海突然飄到眾人面前說：

「我知道，可以吸附在磁鐵上的是金屬！這些鑰匙中，金屬材質的

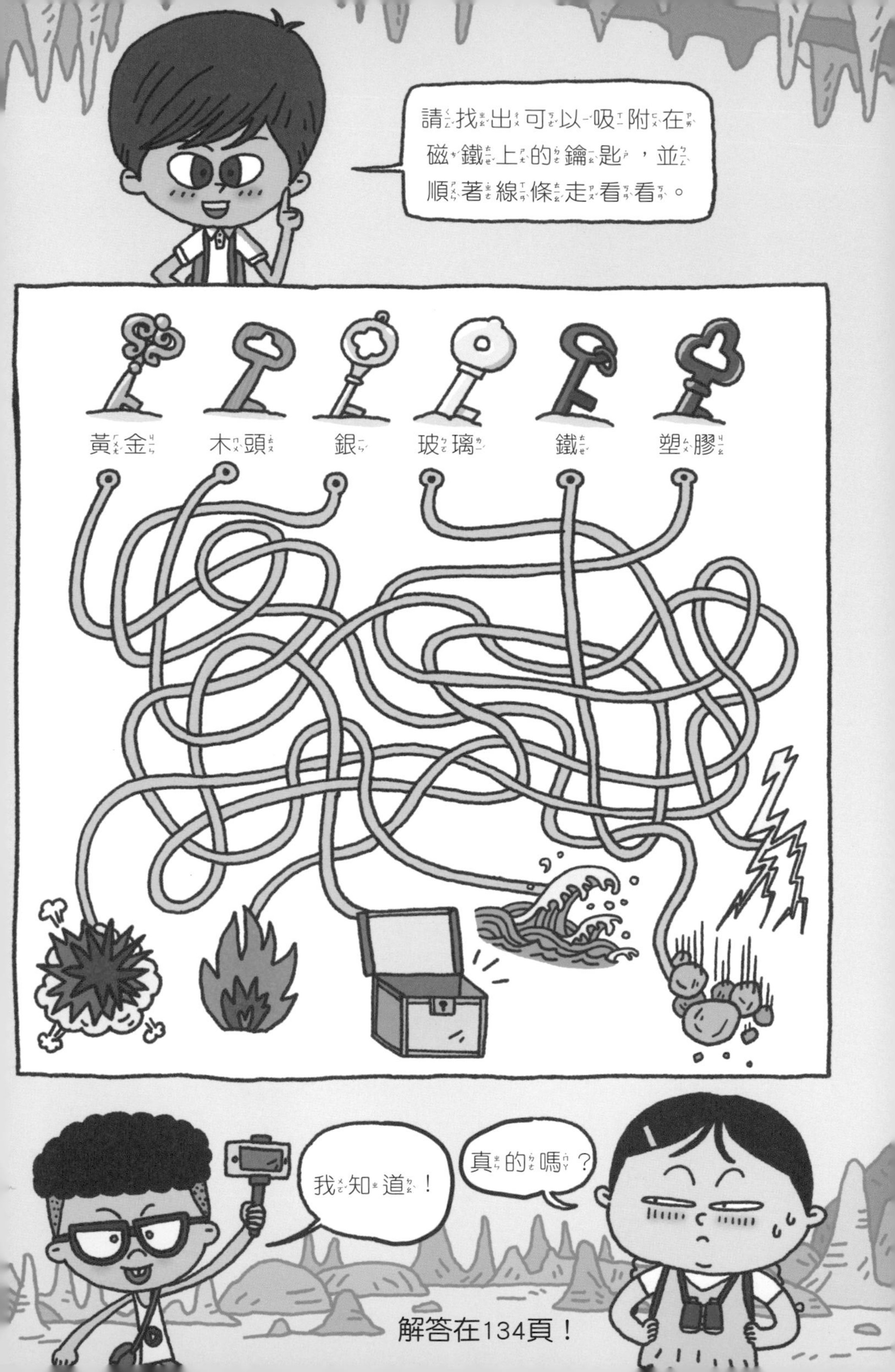
請找出可以吸附在磁鐵上的鑰匙，並順著線條走看看。
黃金
木頭
銀
玻璃
鐵
塑膠
我知道！
真的嗎？
解答在134頁！

有金、銀和鐵。那麼這三把當中，哪把才是真正的鑰匙呢？」

「正確的鑰匙，就是這把黃金鑰匙！」

曹阿海話一說完，就迅速的拔出黃金鑰匙，全智基嚇了一跳，他大喊「不行」，同時伸出了手，但一切都已經來不及了。他們不久前通過的「喜杖鹿」洞穴中，開始嘩啦啦的湧進水。唯一可以出去的道路就這樣被堵住了。這一切發生的太突然，每個人的身體都像是被凍住似的，只是呆呆的站在原地。最先回過神來的人就是全智基，全智基迅速拔起鐵製的鑰匙，一邊大吼：

「俗話說一知半解最危險，並不是所有的金屬都可以吸附在磁鐵上，這當中可以吸附在磁鐵上的金屬就只有鐵。」

「對、對不起！我不知道會變成這樣。怎麼辦，我害了大家……。」

曹阿海不知道該如何是好。而在這短短的時間，水已經淹到他們的膝蓋。

「啊啊啊！水一直湧進來。我們要被淹死了啦！嗚嗚……」

姜月月和曹阿海哀嚎著，同時腳在水裡

不停的又踢又踩，陷入思考的全智基突然大喊，說：

「現在請大家把所有沒有拆開的零食餅乾，還有礦泉水都拿出來，把礦泉水裡的水全部倒掉。快！」

三個人還沒來得及弄清楚為什麼，便急急忙忙的開始動作。

「接下來，我們要用膠帶把沒有拆封的零食袋和空水瓶全部綁在一起，也就是要做

重力
空氣
水
浮力

一個救生艇。請大家一起幫忙，沒有時間了！」

這段期間，水依然不停的流進來，甚至淹到了大腿，曹阿海這時喃喃自語的說：

「這真的有辦法讓我們四個人在水裡浮起來嗎？」

「別擔心！團結力量大，而且這其實是很安全的。因為沒有拆封的零食袋和空的礦泉水瓶裡面會有空氣，當空氣與水的體積相同時，空氣的重量會比水更輕，因此能夠在水中浮起來。而且我們不是把這個小艇接觸水的面積做得很大嗎？那麼水推動物體的力，也就是浮力，比起地球對物體的引力，也就是重力，會來得更大，所以就算我們四個人都攀附在上面，小艇依然可以穩如泰山。」

雖然大家聽完了全智基的話，臉上都掛著半信半疑的表情，但水已經不知不覺淹到了他們的腰部，於是四個人就這樣攀附在零食袋和礦泉水瓶做成的小艇上。在那之前，姜月月早已迅速的將藏寶箱放進了背包。可是，小艇真的能夠漂浮在水上嗎？

「哦！真的沒有下沉，而是一直浮在水面上！」姜月月感到非常神奇的說。

「成功了！太棒了！」

全智基用手指比了一個勝利的V，鬆了口氣的四個人，就這樣攀附在零食袋和礦泉水瓶小艇上，順著水道漂流。

究竟漂流了多遠呢？現在他們來到的地方，有一座巨大的鐘乳石，上面還掛著像是橫幅的東西。最先發現橫幅的姜月月大聲說：

「你們看！那裡寫著『水＋home』？」

姜月月緊接著又大喊：

「哦！好像還有橫幅。就在兩個洞穴的入口上方，又出現了兩個新的橫幅。」

「一邊寫著「螞蟻」，另一邊寫著「鯽魚」，那麼最前面那個橫幅上的「水＋home」一定就是提示我們這兩個洞穴之中該選擇哪一個通

螞蟻
鯽魚
水 + home

過！」柯蘭老師說。

這時候，姜月月一邊環視四周，一邊說：

「老師，我知道了！嘿嘿！「水」就是水，而「home」就是家的意思。所以「水＋home」把這兩個東西加在一起，也就是要我們找出以水為家，在水裡生活的動物。」

「怎麼跟我想的一樣呀？我本來也正要這麼說……」

柯蘭老師附和著說，姜月月聽了柯蘭老師的話，眼睛睜得大大的。

「真的嗎？看來我跟老師有心電感應呢！嘻嘻！」

「咦？我看應該不是吧！那麼剩下的部分請老師解釋看看。」

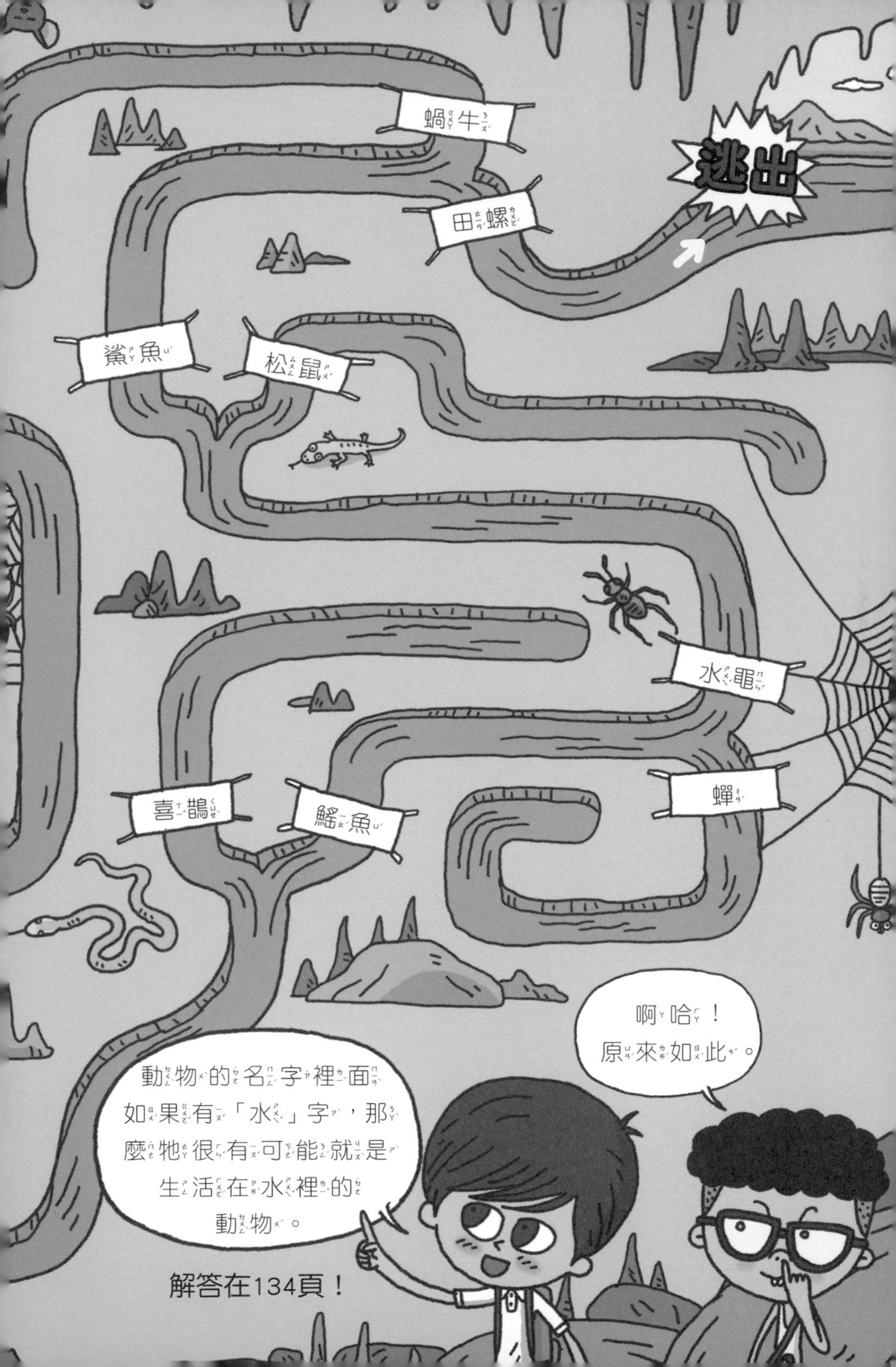
逃出
蝸牛
田螺
鯊魚
松鼠
水黽
蟬
喜鵲
鰩魚
動物的名字裡面如果有「水」字，那麼牠很有可能就是生活在水裡的動物。
啊哈！原來如此。

解答在134頁！

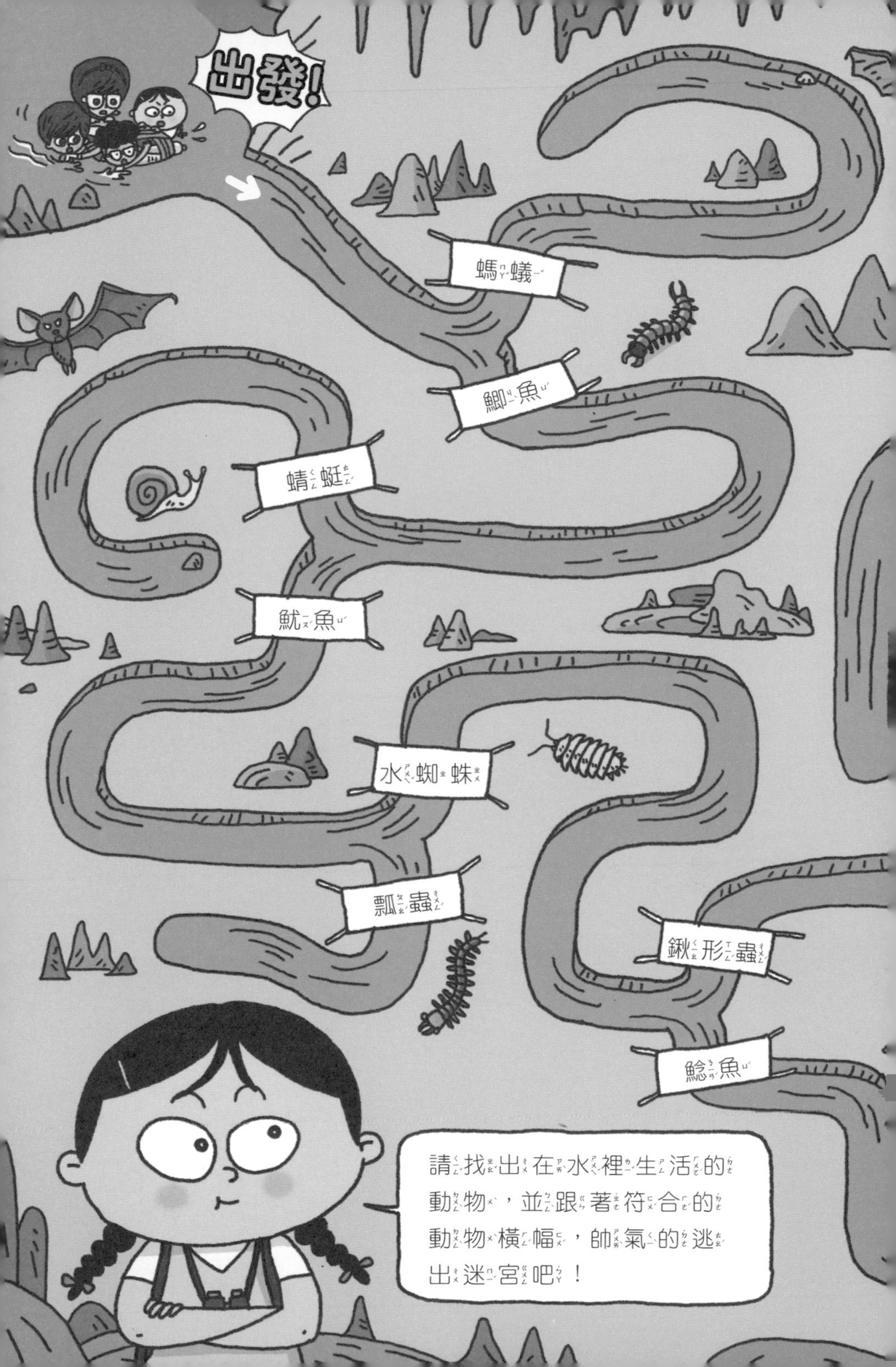
出發！
螞蟻
鯽魚
蜻蜓
魷魚
水蜘蛛
瓢蟲
鍬形蟲
鯰魚
請找出在水裡生活的動物，並跟著符合的動物橫幅，帥氣的逃出迷宮吧！

全智基用討人厭的口氣試探柯蘭老師，柯蘭老師裝腔作勢的笑了笑，並偷偷閃躲掉回答。

「不用啦！剩下的部分還是一樣聽姜月月解釋吧！姜月月總要做個結尾呀！」

原本拿著手機，小心翼翼的轉換各種角度，到處拍攝影片的曹阿海，馬上向姜月月提問：

「以水為家，那又是什麼意思啊？」

姜月月笑咪咪的回答：「如果觀察各式各樣的動物，就可以發現一些明顯的特徵，以及這些特徵的共同點和差異。而我們便能以那些特徵

我記得在淡水館裡看到了鯽魚、鯰魚、短溝蜷等，
鯽魚
鯰魚
短溝蜷
然後在海洋館裡看到了鰩魚、貝類、鯊魚等。
鰩魚
貝類
鯊魚
在水面上到處跑的水黽、在水中用氣泡築巢的水蜘蛛、生活在水田裡的田螺等，也都是以水為家喔！
水黽
水蜘蛛
田螺
螞蟻有腳，所以適合在地面上爬行。
鯽魚用鰓在水中呼吸，用鰭在水中自在游泳。
所以正確的路是，這個方向！
螞蟻
鯽魚

作為基準，將動物們進行分類。像是有翅膀的動物和沒有翅膀的動物，有腳的動物和沒有腳的動物等。這時候，當然也可以依據動物生活的地方來分類。像是生活在陸地的動物，生活在水裡的動物等。以水為家的動物，說的當然就是生活在水裡的動物啦！你回想看看你以前去河邊或是海邊玩的時候看過的那些動物。」

「嗯，那我回想上一次去花牆水族館的時候看過的那些動物就行了！」曹阿海仔細回想著，然後像是想起什麼似的，臉上的表情開朗了起來。

多虧了姜月月的精彩發揮，一行人逃脫了洞穴裡迷宮般的水道，平安無事的抵達山下的江邊。一行人蹦蹦跳跳，彼此相擁，沉浸在喜悅中。接著姜月月把手伸向全智基。反應快的全智基二話不說，馬上找出鑰匙遞給姜月月。拿到鑰匙的姜月月，謹慎的從包包裡拿出藏寶箱。她把鑰匙插入鑰匙孔中，然後慢慢轉動。就在這個時候，拍著影片的曹阿海發起了牢騷。

「阿壯，妳可以優雅的轉動鑰匙嗎？」

姜月月生氣的瞪著曹阿海。

「我跟『優雅』兩個字距離很遠好嗎？少在那邊一直囉唆。」

姜月月氣呼呼的回應，曹阿海偷偷看了看姜月月的臉色，眼看氣

氛不太對，他突然問了所有人一個問題。

「你們知道喝了什麼東西，體重會變重嗎？」

「熱量高的飲料？」

「錯！答案是喝『拿鐵』。」

聽完曹阿海的冷笑話，就連原本氣沖沖的姜月月也噗嗤笑了出來。這時候，似曾相似的畫面又上演了，柯蘭老師又開始笑得前俯後仰。

「呵呵呵！真的好好笑！」

孩子們傻在那裡不知道要說些什麼，但很快的他們又想起了要打開藏寶箱的事情，姜月月一轉動鑰匙，藏寶箱終於打開了。

「咦？這是什麼啊？」

孩子們和柯蘭老師嚇了一跳。因為藏寶箱裡面放的，既不是黃金，也不是

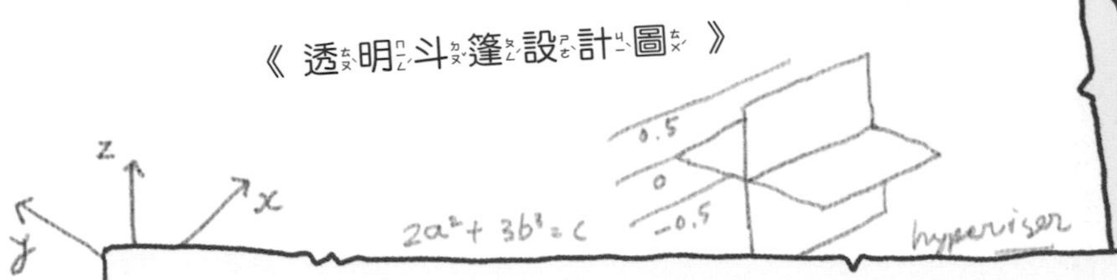

《透明斗篷設計圖》

致找出透明斗篷設計圖的子孫：

我叫高次元，我是一位人生只有研究的科學家。偶然之下，我發明了透明斗篷，同時我的人生也陷入了混亂。

因為得知這個消息的壞蛋們，來到了我的研究室，並且要偷走設計圖。幸好他們並沒有得逞，不過萬一這張設計圖真的落入壞蛋們的手裡，這個世界無疑會變成一個無法無天的混亂世界。

於是我偷偷回到了我的故鄉神祕島，並把設計圖好好的藏在這個地方。懇切盼望，這張以我的人生換取的設計圖，能夠被使用在好的事情上。

20**. 4. 20. 高次元

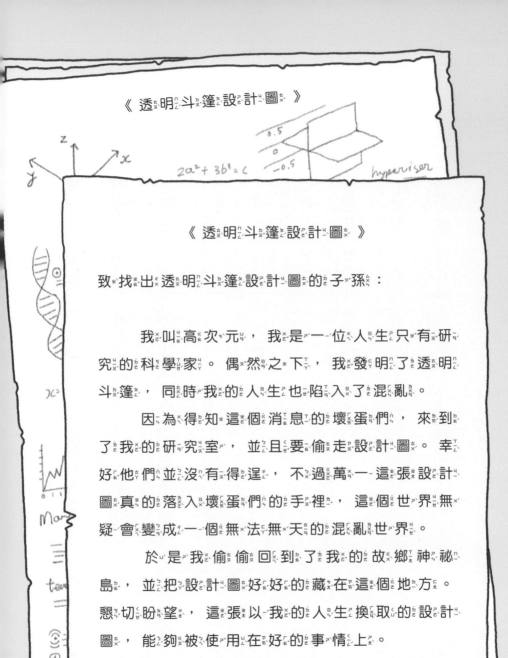

銀，更不是寶石，而是一個奇特的東西。那是一張徒手繪製的設計圖，還有一張打字印出的信，信裡面寫著右頁的內容。

「透明斗篷？這不就是穿上去之後，身體就會變隱形的斗篷嗎？」

聽了柯蘭老師的話，曹阿海擺出了賊賊的微笑回應。

「沒錯！我想要穿著這個透明斗篷偷偷潛入電視臺，然後把明星們看個過癮，嘿嘿！」

「我想要穿它躲著媽媽盡情玩遊戲。」

「我要穿去高級的烤肉店，想吃多少韓牛就吃多少韓牛。」

全智基和姜月月相繼接話，柯蘭老師聽完後吃驚的說：

「孩子們，透明斗篷如果被拿去像你們這樣使用的話，這個世界就會充滿各種犯罪。難怪爺爺要把透明斗篷的設計圖藏起來。你們小孩子都有這些荒唐的想法了，更何況是大人們呢？」

在柯蘭老師的訓斥下，孩子們瞬間都洩了氣。

「看來只能把這個設計圖捐贈給國家。為了讓它可以被使用在好的事情上，除了這樣做，沒有更好的辦法了。」

柯蘭老師堅決的說。孩子們垂頭喪氣的點點頭，不知道孩子們是不是覺得有點可惜，他們輪流傳閱著設計圖。突然，全智基和曹阿海嘻嘻笑了起來，並一邊交頭接耳的說：

「這樣說雖然不太好，但爺爺的字真的好潦草呀！雖然不知道是由誰來製作這個斗篷，但他要看懂爺爺的字，應該會很辛苦。」

「真的！這到底寫的是0還是6呢？這個是n還是h？好混淆啊！根本看不懂。」

柯蘭老師聽了那些話後心裡一震，她心想「我的字寫得那麼難看，該不會就是遺傳到爺爺吧？」。

一個星期之後，柯蘭老師把孩子們聚集在一起，並給他們看了花牆小鎮的主頁。那上面刊登了標題為「揭開神祕島謎團的科學小偵探們！」的頭條新聞，還有一張孩子們的活潑照片。

「哦！自以為是大魔王，照片上的你看起來還蠻帥的耶？」

聽了姜月月的話，全智基得意洋洋的回應：「不是照片上看起來帥，是本來就長得帥。」

這時候，柯蘭老師牽起了孩子們的手，眼鏡底

揭開神祕島謎團的科學小偵探們！

▲在神祕島破解謎團的曹阿海、全智基、姜月月。（由左至右）

下的雙眼閃爍著光芒。

「你們現在是有名的小偵探了！大家同心協力的話，絕對可以很厲害的破解各種案件。所以我們如果正式組成一個偵探團的話，各位覺得怎麼樣呢？」

「偵探團嗎？」

「對啊！我連團名都想好了呢！就叫「科學小偵探」，這個團名很帥吧？」

「好！以後學校裡發生的大小事件，都交給我們吧！」

孩子們朝氣蓬勃的點頭回答，臉上都綻放了笑容。

「那我們來為科學小偵探喊個口號加油一下吧！Fighting！」

「Fighting！」

臉上掛著滿足笑容的柯蘭老師握著拳頭大喊，孩子們也跟著把手聚合在一起歡呼，大喊加油！

同時，全智基心裡想著：「該請媽媽再幫我多買幾件帥氣的衣服了。」

姜月月想著：「我要做一個偵探徽章。」

而曹阿海則想著：「我的影片追蹤人數應該會暴增吧？」

雖然孩子們喊著相同的口號，但是心裡面都各自想著不同的事情呢！

解答

34～35頁

47頁

64頁

73頁

99頁

108頁

118～119頁

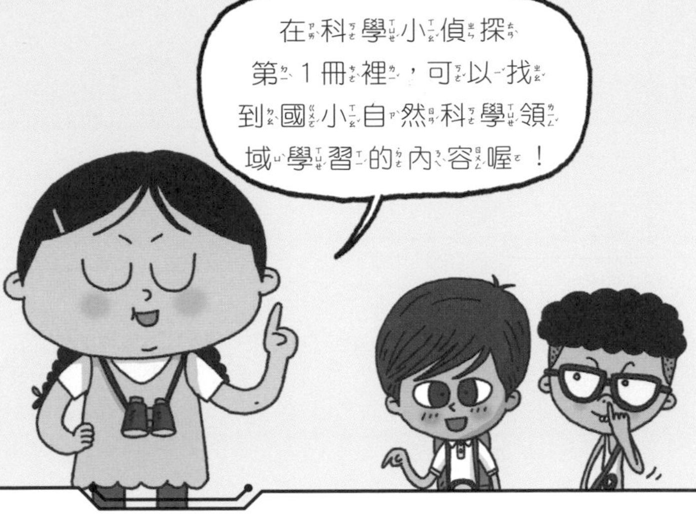
在科學小偵探第1冊裡，可以找到國小自然科學領域學習的內容喔！

第1章 **發現神祕島的驚人謎團！**	● 2年級　動物好朋友
第2章 **陷入危機的小偵探們**	● 3年級　生活中有趣的力 ● 4年級　水生生物的世界 ● 4年級　昆蟲王國
第3章 **被揭開的神祕謎團**	● 4年級　水生家族 ● 3年級　奇妙的磁鐵 ● 5年級　空氣與燃燒

MEMO

MEMO

企劃 金秀朱

在梨花女子大學學習了物理學之後，至今持續創作著帶給兒童們樂趣的兒童讀物。在進行此書的企劃的同時，她也陷入了書中透過科學來解決問題的三個孩子的帥氣魅力當中。企劃的書籍包含《有沒有可以接受人類的行星呢？》、《生存融合科學遠征隊》系列，著有《生活中的數學學習》、《咳咳偵探的科學搜查X檔案》等。

作者 趙仁河

在淑明女子大學學習了化學之後，便長時間在出版社工作，並出版兒童知識書籍。她不斷思考著有沒有能夠讓孩子有趣閱讀，又能學習科學概念的書，於是便在愉悅的心情下，創作了這本書。著有《數學偵探》系列叢書，以及《有沒有可以接受人類的行星呢？》、《生活中的數學學習》、《要怎麼活下去？》等。

繪圖 趙勝衍

在弘益大學和法國學習繪畫，現在是兒童繪本的插畫家。繪圖的書籍作品包含《數學偵探》系列叢書、《芝麻開門，韓國史》系列叢書、《未來來臨，遺傳基因》、《放學後的超能力俱樂部》、《幸福，那是什麼呢？》、《危險的海鷗》、《潭潭洞十字路口萬福電信社》等。

翻譯 林盈楹

畢業於文藻外語學院德文科。時尚模特兒、演員、歌唱教練、韓文老師、韓文翻譯工作者。翻譯工作經歷：知名髮型品牌新品發表會口譯、韓國藝術家團體ART제안在臺非營利課程翻譯、半導體商務口譯、韓國彩妝研討會口譯、藝人隨行口譯、韓國劇組拍攝口譯、廣告拍攝現場韓語指導等，以及書籍、商務文件等筆譯。

聽說在第２冊中，科學小偵探要去遊樂園了。到時候會展開什麼樣的冒險呢？和科學小偵探一起行動吧！
出發！

童心園 童心園系列 276

科學小偵探1：神祕島的謎團

과학 탐정스 1: 신비도의 비밀

企　　　　劃　金秀朱
作　　　　者　趙仁河
繪　　　　者　趙勝衍
譯　　　　者　林盈楹
語 文 審 訂　盧佩旻（臺中市萬豐國小教師）
責 任 編 輯　陳鳳如
封 面 設 計　黃淑雅
內 文 排 版　李京蓉
童 書 行 銷　張惠屏・侯宜廷

出 版 發 行　采實文化事業股份有限公司
業 務 發 行　張世明・林踏欣・林坤蓉・王貞玉
國 際 版 權　鄒欣穎・施維真
印 務 採 購　曾玉霞
會 計 行 政　李韶婉
法 律 顧 問　第一國際法律事務所　余淑杏律師
電 子 信 箱　acme@acmebook.com.tw
采 實 官 網　www.acmebook.com.tw
采 實 臉 書　www.facebook.com/acmebook01
采實童書粉絲團　https://www.facebook.com/acmestory/

I S B N　978-986-507-986-4
定　　　　價　350元
初 版 一 刷　2022年10月
劃 撥 帳 號　50148859
劃 撥 戶 名　采實文化事業股份有限公司
104 台北市中山區南京東路二段 95號 9樓
電話：02-2511-9798　傳真：02-2571-3298

科學小偵探. 1, 神祕島的謎團/趙仁河作；趙勝衍繪；林盈楹譯. -- 初版. -- 臺北市：采實文化事業股份有限公司, 2022.10
面；　公分. -- (童心園系列；276)
譯自：과학 탐정스 1: 신비도의 비밀
ISBN 978-986-507-986-4(精裝)

1.CST: 科學 2.CST: 通俗作品

307.9　111012845